配电系统设计与实施
——任务工单

主　编　唐明凤　赵扬帆　杨炽昌
副主编　许素玲　荣俊香　董家斌
主　审　杨志红

北京理工大学出版社
BEIJING INSTITUTE OF TECHNOLOGY PRESS

目 录

任务 1　电力系统认知工作单 ··· 1
任务 2　供电质量及额定电压确定工作单 ·· 5
任务 3　电力负荷计算工作单 ·· 9
任务 4　高压开关柜的"五防"设计工作单 ·· 16
任务 5　低压成套设备中开关电器的安装工作单 ····································· 22
任务 6　楼宇照明系统设计工作单 ·· 27
任务 7　线路敷设工作单 ·· 33
任务 8　导线在绝缘子上的固定工作单 ·· 39
任务 9　电缆头的制作与安装工作单 ··· 44
任务 10　常用继电器的工作原理和性能检验工作单 ································ 50
任务 11　变压器保护工作单 ·· 56
任务 12　安全用电工作单 ··· 61
任务 13　触电急救工作单 ··· 67

任务 1　电力系统认知工作单

工作任务		电力系统认知					
姓名		班级		学号		日期	

学习情景

电力是现代化工业生产的主要能源和动力，可以说没有电力就没有工业化、现代化，是人类现代文明的物质技术基础。那你知道电能从何而来又如何长距离传输的吗？又是如何能被用户使用的，从而为地区经济、工业农业和人民生活服务。

学习目标

(1) 知道发电厂的类型。
(2) 知道电力系统结构。
(3) 正确区分电力系统、供配电系统和电网的区别。
(4) 认识传统电力系统和现代电力系统。

任务要求

完成以下两个任务：
(1) 掌握发电厂基本知识。
(2) 掌握电力系统基本知识。

任务分组

在下表填写小组成员信息。

组员分工表

班级		组号		分工
组长		学号		
组员		学号		
组员		学号		
组员		学号		

分工选项（根据实际情况增加或减少）

网络信息获取：通过手机或计算机上网收集查询完成任务的资料。
教材或 PPT 课件信息获取：负责通过查阅教材、PPT 课件或微课视频等收集完成任务所需的材料。
信息处理与记录：负责整理、筛选信息，并完成信息记录。
汇报材料准备：制作 PPT 课件，并设计小组成果展示汇报。

续表

获取信息

认真阅读任务要求，理解任务内容，明确任务目标。为顺利完成任务，回答下列引导问题，做好充分的知识准备、技能准备和工具耗材准备，同时拟订任务实施计划。

引导问题1

我国发电厂类型有＿＿＿＿＿＿＿＿＿＿＿＿＿＿＿＿＿＿＿＿＿＿＿＿＿＿＿＿＿＿＿＿＿

＿＿。

其中属于新能源发电的有＿＿＿＿＿＿＿＿＿＿＿＿＿＿＿＿＿＿＿＿＿＿＿＿＿＿＿＿。

引导问题2

水力发电的能量转换过程是＿＿＿＿＿＿＿＿＿＿＿＿＿＿＿＿＿＿＿＿＿＿＿＿＿＿。

水力发电的优点是＿＿＿＿＿＿＿＿＿＿＿＿＿＿＿＿＿＿＿＿＿＿＿＿＿＿＿＿＿＿＿

引导问题3

火力发电的能量转换过程是＿＿＿＿＿＿＿＿＿＿＿＿＿＿＿＿＿＿＿＿＿＿＿＿＿＿。

火力发电的缺点是＿＿＿＿＿＿＿＿＿＿＿＿＿＿＿＿＿＿＿＿＿＿＿＿＿＿＿＿＿＿＿

引导问题4

核能发电的能量转换过程是＿＿＿＿＿＿＿＿＿＿＿＿＿＿＿＿＿＿＿＿＿＿＿＿＿＿

核能发电的特点是＿＿＿＿＿＿＿＿＿＿＿＿＿＿＿＿＿＿＿＿＿＿＿＿＿＿＿＿＿＿。

引导问题5

常见的新能源发电有＿＿＿＿＿＿＿＿＿＿＿＿＿＿＿＿＿＿＿＿＿＿＿＿＿＿＿＿＿。

引导问题6

为什么要高压输电？＿＿＿＿＿＿＿＿＿＿＿＿＿＿＿＿＿＿＿＿＿＿＿＿＿＿＿＿＿。

＿＿

引导问题7

什么是电力系统？＿＿＿＿＿＿＿＿＿＿＿＿＿＿＿＿＿＿＿＿＿＿＿＿＿＿＿＿＿＿＿

＿＿。

什么是电力网？＿＿＿＿＿＿＿＿＿＿＿＿＿＿＿＿＿＿＿＿＿＿＿＿＿＿＿＿＿＿＿＿＿

什么是供配电系统？＿＿＿＿＿＿＿＿＿＿＿＿＿＿＿＿＿＿＿＿＿＿＿＿＿＿＿＿＿＿

＿＿。

工作计划

工具材料清单

序号	工具或材料名称	型号或规格	数量	备注

任务1　电力系统认知工作单

续表

工序步骤安排表

序号	工作内容	计划用时	备注

进行决策

(1) 各小组派代表阐述设计方案。
(2) 各组对其他组的设计方案提出不同的看法。
(3) 教师对大家完成的方案进行点评，选出最佳方案。

工作实施

查阅收集有关的资料，完成以下任务。

(1) 发电厂的类型有哪些？哪些发电方式属于可再生能源发电？新能源发电比传统能源发电有何优势？

_____
_____
_____
_____

(2) 请说一说什么是电力系统？什么是电力网？

_____
_____
_____
_____
_____

续表

（4）请绘制一个具有总降压变电所的企业供配电系统简图。

评价反馈

评价表

评价类型	分值占比	序号	具体指标	分值	得分		
					自评	组评	师评
职业能力	60	1	问题回答正确	20			
		2	系统图绘制正确	30			
		3	书写、绘图美观工整	10			
职业素养	20	1	遵守课堂纪律，不做与课程无关的事情	4			
		2	积极配合小组成员，解决疑点和难点	4			
		3	按照标准规范操作	4			
		4	具有安全、规划和环保意识	4			
		5	持续改进优化	4			
劳动素养	10	1	按时完成，认真填写记录	3			
		2	工作完成后保持工位卫生、整洁、有序	3			
		3	自觉维护教学仪器、设备的完好性	2			
		4	小组分工合理	2			
思政素养	10	1	完成思政素材学习	10			
总分				100			

任务2 供电质量及额定电压确定工作单

工作任务		供电质量及额定电压确定					
姓名		班级		学号		日期	

学习情景

某工厂需要对供电电压进行选择,你知道要如何进行选择吗?选择的依据是什么?对一个企业只要给它输送相应等级的电就可以了吗?我们知道产品有质量要求,那对电力来说有质量要求吗?答案是肯定的。电力是工业生产的主要能源和动力,提供高质量的电能是保证生产生活高效率进行的保障。能大大减轻工人的劳动强度,改善劳动条件,提高经济效益。这就涉及供电质量指标有哪些、如何改善、电网和设备的额定电压如何确定等。

学习目标

(1) 知道电能质量指标。
(2) 知道改善电能质量的措施。
(3) 掌握电网额定电压、电力设备额定电压的确定。
(4) 知道电力用户供配电电压如何选择。

任务要求

完成以下两个任务:
(1) 能够熟练说出我国电网额定电压等级有哪些?企业高低压配电电压如何选择?
(2) 能确定供电系统线路和设备的额定电压。

任务分组

在下表填写小组成员信息。

组员分工表

班级		组号		分工	
组长		学号			
组员		学号			
组员		学号			
组员		学号			
分工选项（根据实际情况增加或减少）					

网络信息获取:通过手机或计算机上网收集查询完成任务的资料。
教材或PPT课件信息获取:负责通过查阅教材、PPT课件或微课视频等收集完成任务所需的材料。
信息处理与记录:负责整理、筛选信息,并完成信息记录。
汇报材料准备:制作PPT课件,并设计小组成果展示汇报。

续表

获取信息

认真阅读任务要求,理解任务内容,明确任务目标。为顺利完成任务,回答下列引导问题,做好充分的知识准备、技能准备和工具耗材准备,同时拟订任务实施计划。

引导问题1
我国电力系统的额定频率为_____。允许偏差为_____。

引导问题2
供电质量包括_____。

引导问题3
电能质量主要指标有_____
_____。

引导问题4
改善供电频率有哪些措施?_____
_____。

引导问题5
确定电力设备额定电压的基本依据是什么?_____。

引导问题6
发电机的额定电压比相应电网额定电压高_____、电力变压器的额定一次电压和二次额定电压是如何确定的?_____
_____
_____。

引导问题7
什么是电压偏差?_____
电压偏差允许值为_____
电压偏差如何调整?_____
_____
_____。

引导问题8
什么是电压波动?_____。
什么是电网谐波?_____。
什么是三相不平衡?_____。
三相不平衡改善措施_____
_____
_____。

续表

工作计划

工具材料清单

序号	工具或材料名称	型号或规格	数量	备注

工序步骤安排表

序号	工作内容	计划用时	备注

进行决策

(1) 各小组派代表阐述设计方案。
(2) 各组对其他组的设计方案提出不同的看法。
(3) 教师对大家完成的方案进行点评,选出最佳方案。

工作实施

查阅收集有关的资料,完成以下任务:
(1) 说出我国电网额定电压等级有哪些?企业高低压配电电压如何选择?

(2) 试确定下图中变压器 T1 和线路 WL1、WL2 的额定电压，列出数据。

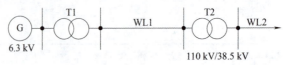

(3) 试确定下图中发电机和所有电力变压器的额定电压，列出数据。

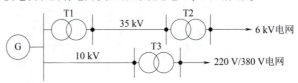

评价反馈

评价表

评价类型	分值占比	序号	具体指标	分值	得分		
					自评	组评	师评
职业能力	60	1	问题回答正确	20			
		2	计算正确	30			
		3	书写、数据表工整	10			
职业素养	20	1	遵守课堂纪律，不做与课程无关的事情	4			
		2	积极配合小组成员，解决疑点和难点	4			
		3	按照标准规范操作	4			
		4	具有安全、规划和环保意识	4			
		5	持续改进优化	4			
劳动素养	10	1	按时完成，认真填写记录	3			
		2	工作完成后保持工位卫生、整洁、有序	3			
		3	自觉维护教学仪器、设备的完好性	2			
		4	小组分工合理	2			
思政素养	10	1	完成思政素材学习	10			
总分				100			

任务3 电力负荷计算工作单

工作任务		电力负荷计算				
姓名		班级		学号		日期

学习情景

计算负荷，是指通过统计计算求出的、用来按发热条件选择供配电系统中各元件的负荷值。它是供配电设计计算的基本依据。如果计算负荷确定过大，将使设备和导线、电缆选择偏大，造成投资和有色金属的浪费。如果计算负荷确定过小，又将使设备和导线、电缆选择偏小，造成设备和导线、电缆运行时过热，增加电能损耗和电压损耗，甚至使设备和导线、电缆烧毁，造成事故。同时也是负荷级别确定的重要依据，级别不同又将影响它对供电电源的要求不同，所以也是主接线方案设计的依据。

学习目标

（1）知道电力负荷的级别及其他对供电电源的要求。
（2）会用需要系数法计算给定用电设备组的计算负荷。
（3）会计算线路损耗和变压器损耗。
（4）能进行用户无功补偿计算。

任务要求

完成以下两个任务：
（1）根据提供的数据为某车间确定计算负荷。
（2）根据要求为某降压变电所负荷进行负荷计算、功率因数计算，同时进行无功补偿。

任务分组

在下表填写小组成员信息

组员分工表

班级		组号		分工	
组长		学号			
组员		学号			
组员		学号			
组员		学号			
分工选项（根据实际情况增加或减少）					
网络信息获取：通过手机或计算机上网收集查询完成任务的资料。					
教材或 PPT 课件信息获取：负责通过查阅教材、PPT 课件或微课视频等收集完成任务所需的材料。					
信息处理与记录：负责整理、筛选信息，并完成信息记录。					
汇报材料准备：制作 PPT 课件，并设计小组成果展示汇报。					

续表

获取信息

认真阅读任务要求,理解任务内容,明确任务目标。为顺利完成任务,回答下列引导问题,做好充分的知识准备、技能准备和工具耗材准备,同时拟订任务实施计划。

引导问题 1
什么是电力负荷?电力负荷如何分级?

引导问题 2
各级电力负荷对供电电源的要求是什么?

引导问题 3
什么是负荷持续率?不同负荷持续率下的设备容量如何折算?

引导问题 4
什么是年最大负荷和年最大负荷利用小时?它反映了什么?

引导问题 5
为什么要计算负荷?常用计算负荷的方法有哪些?

续表

引导问题 6
什么是需要系数法？基本计算公式有哪些？
_____
_____
_____
_____
_____

引导问题 7
线路功率损耗和变压器功率损耗如何计算？
_____
_____
_____
_____
_____

引导问题 8
线路单位长度的电抗值与导线之间的几何均距有关，你知道什么是几何均距吗？如何计算？
_____
_____
_____
_____
_____
_____

引导问题 9
用户无功补偿的目的是什么？无功补偿容量如何计算？
_____
_____
_____
_____
_____
_____
_____

工作计划

工具材料清单

序号	工具或材料名称	型号或规格	数量	备注

工序步骤安排表

序号	工作内容	计划用时	备注

进行决策

(1) 各小组派代表阐述设计方案。

(2) 各组对其他组的设计方案提出不同的看法。

(3) 教师对大家完成的方案进行点评,选出最佳方案。

工作实施

查阅收集有关的资料,完成以下任务。

(1) 根据所给数据为某车间确定计算负荷。有一机修车间，拥有冷加工机床 52 台，共 200 kW；行车 1 台，共 5.1 kW（$\varepsilon=15\%$）；通风机 4 台，共 5 kW；点焊机 3 台，共 10.5 kW（$\varepsilon=65\%$）。车间采用 220 V/380 V 三相四线制供电。试确定该车间的计算负荷 P_{30}、Q_{30}、S_{30} 和 I_{30}。

(2) 某降压变电所装有一台 Yyn0 连接的 S9 – 630/10 型电力变压器,其 380 V 二次侧的有功计算负荷为 420 kW,无功计算负荷为 350 kvar。试求此变电所一次侧的计算负荷及其功率因数。如果功率因数未达到 0.90,问此变电所低压母线上需装设多少个并联电容器容量才能达到要求?

续表

评价反馈

评价表

评价类型	分值占比	序号	具体指标	分值	得分 自评	得分 组评	得分 师评
职业能力	60	1	计算正确	40			
		2	书写、数据表工整	20			
职业素养	20	1	遵守课堂纪律，不做与课程无关的事情	4			
		2	积极配合小组成员，解决疑点和难点	4			
		3	按照标准规范操作	4			
		4	具有安全、规划和环保意识	4			
		5	持续改进优化	4			
劳动素养	10	1	按时完成，认真填写记录	3			
		2	工作完成后保持工位卫生、整洁、有序	3			
		3	自觉维护教学仪器、设备的完好性	2			
		4	小组分工合理	2			
思政素养	10	1	完成思政素材学习	10			
总分				100			

任务 4 高压开关柜的"五防"设计工作单

工作任务		高压开关柜的"五防"设计				
姓名		班级		学号		日期

学习情景

（1）教学情境描述：观看某变电站的停送电操作的视频。高压开关柜的电气设备的操作顺序是有要求的，必须要按照电气操作规程来对相关设备进行操作。

（2）关键知识点："五防"的基本内容，联锁装置的类型与要求，机械联锁装置设计举例，移开式开关柜的机械联锁装置，防止误分、误合断路器的措施，电气联锁装置。

（3）关键技能点：变电站倒闸操作的流程。

学习目标

（1）正确理解高压开关柜的"五防"内容。
（2）掌握联锁装置的类型与要求。
（3）熟悉防止误分、误合断路器的措施。
（4）认识机械联锁装置与电气联锁装置的不同。
（5）掌握变电站倒闸操作的流程。

任务要求

分析倒闸操作的流程，填写停送电倒闸操作票。
完成以下变电站停送电倒闸操作任务。

任务分组

在下表填写小组成员信息。

组员分工表

班级		组号		分工
组长		学号		
组员		学号		
组员		学号		
组员		学号		
分工选项（根据实际情况增加或减少）				
网络信息获取：通过手机或计算机上网收集查询完成任务的资料。				
教材或 PPT 课件信息获取：负责通过查阅教材、PPT 课件或微课视频等收集完成任务所需的材料。				
信息处理与记录：负责整理、筛选信息，并完成信息记录。				
汇报材料准备：制作 PPT 课件，并设计小组成果展示汇报				

续表

获取信息

认真阅读任务要求，理解任务内容，明确任务目标。为顺利完成任务，回答下列引导问题，做好充分的知识准备、技能准备和工具耗材准备，同时拟订任务实施计划。

引导问题 1
高压开关柜的"五防"基本内容。
_____
_____
_____
_____
_____。

引导问题 2
常见的联锁装置有_____
_____。

引导问题 3
对联锁装置的要求是_____
_____
_____
_____
_____。

引导问题 4
固定式开关柜的机械联锁包括些什么？
_____
_____。

引导问题 5
移开式开关柜的机械联锁装置有_____
_____。

引导问题 6
写出移开式高压开关柜的"五防"。
_____
_____
_____
_____
_____
_____。

续表

引导问题7 电气联锁装置设计。

(1) 当机械联锁难以实现时,则考虑采用电气联锁。

(2) 采用电气联锁装置时,其电源要与继电保护、控制、信号回路分开。

(3) 写出所用变压器柜的电气联锁回路包括哪些内容?

_____
_____
_____
_____
_____
_____
_____
_____

(4) 写出隔离手车柜的电气联锁回路包括哪些内容?

_____
_____
_____
_____
_____
_____
_____
_____

工作计划

工具材料清单

序号	工具或材料名称	型号或规格	数量	备注

续表

工序步骤安排表			
序号	工作内容	计划用时	备注

进行决策

（1）各小组派代表阐述高压开关柜的"五防"内容，联锁装置的类型与要求，机械联锁置与电气联锁装置的不同，变电站倒闸操作的流程。

（2）各组对其他组的描述提出不同的看法。

（3）教师对大家完成的方案进行点评，选出最佳方案。

工作实施

查阅收集有关的资料，完成以下任务。

（1）写出倒闸操作的流程。

_____
_____
_____
_____
_____
_____
_____
_____
_____
_____
_____

续表

(2) 写出高压开关柜送电操作票。

发令人：张三　　受令人：李四　　发令时间：			
操作开始时间：　年　月　日　　操作结束时间：　年　月　日			
操作任务：10 kV 高压配电装置送电操作			
顺序	操作项目	操作√	备注
1			
2			
3			
4			
5			
6			
7			
8			
9			
10			
备注：			

(3) 写出高压开关柜停电操作票。

发令人：张三　　受令人：李四　　发令时间：			
操作开始时间：　年　月　日　　操作结束时间：　年　月　日			
操作任务：10 kV 高压配电装置停电操作			
顺序	操作项目	操作√	备注
1			
2			
3			
4			
5			
6			
7			
8			
9			
10			
备注：			

评价反馈

评价表

评价类型	分值占比	序号	具体指标	分值	得分 自评	得分 组评	得分 师评
职业能力	60	1	正确描述倒闸操作的流程	5			
		2	正确填写倒闸操作票	15			
		3	正确进行模拟操作	5			
		4	正确使用操作工具	5			
		5	安全、规范完成倒闸操作	30			
职业素养	20	1	遵守课堂纪律,不做与课程无关的事情	5			
		2	积极配合小组成员,解决疑点和难点	5			
		3	具有安全、团结、协作意识	5			
		4	持续改进优化	5			
劳动素养	10	1	按时完成,认真填写记录	3			
		2	工作完成后保持工位卫生、整洁、有序	2			
		3	自觉维护教学仪器、设备的完好性	2			
		4	小组分工合理	3			
思政素养	10	1	有自主意识培养职业道德,合理养成职业习惯,从工作意识、工作状态、工作效率、工作秩序等方面严格要求自己	10			
总分(优秀:90 分及以上,良好:75~89 分,合格:60~74 分,不合格:59 分以下)				100			

任务 5　低压成套设备中开关电器的安装工作单

工作任务		低压成套配电设备中开关电器的安装				
姓名		班级		学号		日期

学习情景

（1）教学情境描述：观看低压断路器安装与调整的视频。由此引出低压成套配电设备中开关电器的安装。

（2）关键知识点：低压开关柜的辅助电路，低压电器元件的安装，控制回路、计量回路元器件安装。

（3）关键技能点：电能表的接线。

学习目标

（1）掌握低压开关柜的辅助电路。
（2）熟悉低压开关柜中辅助电路的电气元件。
（3）掌握单相电能表的安装工艺流程。
（4）掌握三相电能表的安装工艺流程。

任务要求

完成电能表的安装。

任务分组

在下表填写小组成员信息。

组员分工表

班级		组号		分工
组长		学号		
组员		学号		
组员		学号		
组员		学号		
分工选项（根据实际情况增加或减少）				
网络信息获取：通过手机或计算机上网收集查询完成任务的资料。 教材或 PPT 课件信息获取：负责通过查阅教材、PPT 课件或微课视频等收集完成任务所需的材料。 信息处理与记录：负责整理、筛选信息，并完成信息记录。 汇报材料准备：制作 PPT 课件，并设计小组成果展示汇报				

续表

获取信息

认真阅读任务要求，理解任务内容，明确任务目标。为顺利完成任务，回答下列引导问题，做好充分的知识准备、技能准备和工具耗材准备，同时拟订任务实施计划。

引导问题1

低压开关柜的辅助电路有哪些？

_____
_____
_____
_____
_____
_____。

引导问题2

低压开关柜的辅助电路有什么要求？

_____
_____。

引导问题3

分析低压开关柜的测量与计量回路。

_____
_____
_____
_____
_____
_____

工作计划

工具材料清单

序号	工具或材料名称	型号或规格	数量	备注

续表

工序步骤安排表

序号	工作内容	计划用时	备注

进行决策

（1）各小组派代表阐述低压开关柜的辅助电路、低压开关柜的测量与计量回路。

（2）各组对其他组的描述提出不同的看法。

（3）教师对大家完成的方案进行点评，选出最佳方案。

工作实施

查阅收集有关的资料，完成以下任务。

（1）电能表的作用是什么？

_____
_____
_____
_____
_____
_____
_____

（2）电能表有哪些分类？

_____
_____
_____
_____
_____
_____

续表

(3) 试分析电能表的铭牌参数。

(4) 写出以下电能表的型号含义。
DDZY102 – A

(5) 分析电能表的测量原理。

(6) 分析单相电能表的接线。

(7) 分析三相四线电能表的接线。

评价反馈

评价表

评价类型	分值占比	序号	具体指标	分值	得分 自评	得分 组评	得分 师评
职业能力	60	1	正确描述低压开关柜中的元件	5			
		2	正确识别电能表的型号	5			
		3	正确画出电能表安装接线图	10			
		3	正确选择使用工具、材料	10			
		4	正确在低压配电装置中安装电能表	20			
		5	安装接线整齐美观	10			
职业素养	20	1	遵守课堂纪律，不做与课程无关的事情	5			
		2	积极配合小组成员，解决疑点和难点	5			
		3	具有安全、团结、协作意识	5			
		4	持续改进优化	5			
劳动素养	10	1	按时完成，认真填写记录	3			
		2	工作完成后保持工位卫生、整洁、有序	2			
		3	自觉维护教学仪器、设备的完好性	2			
		4	小组分工合理	3			
思政素养	10	1	有自主意识培养职业道德，合理养成职业习惯，从工作意识、工作状态、工作效率、工作秩序等方面严格要求自己	10			
总分（优秀：90分及以上，良好：75～89分，合格：60～74分，不合格：59分以下）				100			

任务6　楼宇照明系统设计工作单

工作任务		楼宇照明系统设计					
姓名		班级		学号		日期	

学习情景

现代楼宇照明设计视频。电气照明是现代楼宇照明的一种广泛照明方式。根据应用场景不同选择不同光源的照明灯具及控制方式，满足现代楼宇对照明亮度、美观要求的人工视觉环境。

学习目标

（1）正确理解照度和光通量概念。
（2）知道灯具的分类与布置要求。
（3）正确理解照明系统设计的原则。
（4）会计算照度及布置灯具。
（5）能正确识读照明配电系统图、平面图。
（6）正确使用等电位端子和漏电保护器。

任务要求

通过正确识读电气照明配电系统图、平面图，正确使用等电位端子和漏电保护器，按照照明系统设计的基本原则，根据环境正确选择灯具并进行布置，初步会设计楼宇照明系统。

任务分组

组员分工表

班级		组号		分工	
组长		学号			
组员		学号			
组员		学号			
组员		学号			
分工选项（根据实际情况增加或减少）					
网络信息获取：通过手机或计算机上网收集查询完成任务的资料。 教材或 PPT 课件信息获取：负责通过查阅教材、PPT 课件或微课视频等收集完成任务所需的材料。 信息处理与记录：负责整理、筛选信息，并完成信息记录。 汇报材料准备：制作 PPT 课件，并设计小组成果展示汇报					

获取信息

认真阅读任务要求,理解任务内容,明确任务目标。为顺利完成任务,回答下列引导问题,做好充分的知识准备、技能准备和工具耗材准备,同时拟订任务实施计划。

引导问题 1

可见光包括哪些单色光?哪种单色光的波长最长?哪种单色光的波长最短?哪一波长的光可引起正常人眼的最大视觉?

(1) 光通量、发光强度、照度、亮度等物理量的定义是什么?常用单位又是什么?

(2) 什么叫反射比?发射比与照明有什么关系?

(3) 什么叫色温?什么叫显色指数?

引导问题 2

常用的照明光源和灯具。

(1) 电光源的类型有哪些?

(2) 哪些场所宜采用白炽灯照明?哪些场所宜采用荧光灯照明?

(3) 高压汞灯、高压钠灯和金属卤化物灯在光照性能方面各有哪些优缺点?各适用哪些场合?

(4) 某车间的平面面积为 $36 \times 18 \ m^2$,桁架的跨度为 $18 \ m$,桁架之间相距 $6 \ m$,桁架下弦离地 $5.5 \ m$,工作面离地 $0.75 \ m$。现拟采用 GC1 – A – 2G 型工厂配照灯(装 220 V、125 W 荧光高压汞灯,即 GGY – 125 型)作车间一般照明。试初步确定灯具的布置方案?

引导问题 3

正确安装照明灯具。

(1) 有反射罩的白炽灯的悬挂高度是多少?

(2) 下图所示灯具控制方式是哪一种?有何特点?

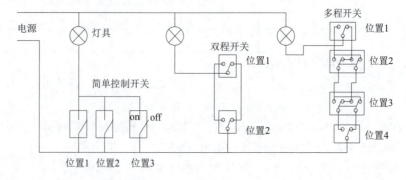

(3) 智能照明控制方式有哪些？有何发展趋势？
_____
_____

引导问题 4
如何计算照度？
(1) 照度标准值的分级有哪些？_____
(2) 利用系数法计算以下案例的照度？

案例：有一机械加工车间长为 32 m、宽为 20 m、高为 5 m，柱间距 4 m。工作面高度为 0.75 m。采用 GC1 – A – 1 型工厂配照灯（电光源型号为 PZ220 – 150）作车间的一般照明。车间的顶棚有效反射比 ρ_c 为 50%，墙壁的有效反射比 ρ_w 为 30%。试确定灯具的布置方案，并计算工作面上的平均照度和实际平均照度。该车间的照度标准为 75 lx。
_____
_____
_____
_____
_____

引导问题 5
了解照明供配电系统。
(1) 照明供配电系统由哪些组成？_____
(2) 照明线路导线如何选择？_____
(3) 照明供电方式有哪几种？
_____
_____
(4) 照明线路保护装置如何选择？

引导问题 6
了解低压保护设备——漏电保护器。
(1) 描述漏电保护器的作用。_____
(2) 写出漏电保护器的结构符号。_____
(3) 写出漏电保护器的装设场所及多级 RCD 的装设要求。_____

引导问题 7
等电位连接。
(1) 描述等电位连接的作用。_____
(2) 什么是 MEB 和 LEB？_____

续表

工作计划

工具材料清单

序号	工具或材料名称	型号或规格	数量	备注

工序步骤安排表

序号	工作内容	计划用时	备注

进行决策

1. 各小组派代表阐述设计方案。
2. 各组对其他组的设计方案提出不同的看法。
3. 教师对大家完成的方案进行点评，选出最佳方案。

续表

工作实施

查阅收集有关的资料,完成以下任务。

(1) 某精密装配车间长10 m、宽5.4 m、高3.5 m,有吊顶。采用 YG701-3 型嵌入式荧光灯具,布置成两条光带,如下图所示,试计算高度为0.8 m的水平面上 A 点的直射照度。

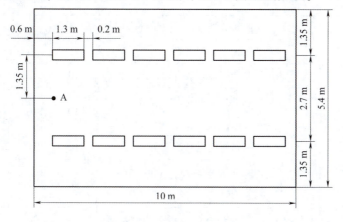

(2) 什么是绿色照明?

(3) 从节能考虑,一般情况下可用什么灯来代替普通白炽灯?但在哪些场合宜采用白炽灯照明?在哪些场合宜采用荧光灯或者其他高强度气体放电灯?

(4) 照明网络为什么要分工作照明和事故照明两种供电方式?对供电电源有什么要求?

评价反馈

评价表

评价类型	分值占比	序号	具体指标	分值	得分 自评	得分 组评	得分 师评
职业能力	60	1	照明灯具布置方案设计合理	15			
		2	接线图绘制正确	15			
		3	安全措施有效合理	10			
		4	接线合理美观，达到工艺要求	10			
		5	正确使用工具及设备	10			
职业素养	20	1	遵守课堂纪律，不做与课程无关的事情	4			
		2	积极配合小组成员，解决疑点和难点	4			
		3	按照标准规范操作	4			
		4	具有安全、规划和环保意识	4			
		5	持续改进优化	4			
劳动素养	10	1	按时完成，认真填写记录	3			
		2	工作完成后保持工位卫生、整洁、有序	3			
		3	自觉维护教学仪器、设备的完好性	2			
		4	小组分工合理	2			
思政素养	10	1	完成思政素材学习	10			
总分				100			

任务7 线路敷设工作单

工作任务		室内配线施工——母线的制作与安装					
姓名		班级		学号		日期	

学习情景

（1）教学情境描述：观看母线加工和安装的视频。母线根据需要和与设备的连接情况可以分为平弯、立弯和扭弯；母线安装与固定分为母线与设备（如隔离开关、变压器等）的连接以及母线在支持绝缘子上固定。

（2）关键知识点：母线的材质和型号；母线的形状和功能；母线伸缩节的作用。

（3）关键技能点：母线加工工具的使用方法；母线加工的技术指标和用途；母线着色的方法；母线的安装方法、步骤及工艺要求。

学习目标

（1）掌握母线的材质、形状、使用条件和功能。
（2）学会母线的加工与制作方法。
（3）掌握母线在支持绝缘子上的固定方法。
（4）掌握母线与电气设备连接和安装的方法。
（5）掌握母线的着色方法和检查方法。

任务要求

以矩形铝母线为例，完成变电站内三相母线在支持绝缘子上的固定，与隔离开关的连接以及相序着色。

任务分组

在下表填写小组成员信息。

组员分工表

班级		组号		分工
组长		学号		
组员		学号		
组员		学号		
组员		学号		
分工选项（根据实际情况增加或减少）				
网络信息获取：通过手机或计算机上网收集查询完成任务的资料。				
教材或 PPT 课件信息获取：负责通过查阅教材、PPT 课件或微课视频等收集完成任务所需的材料。				
信息处理与记录：负责整理、筛选信息，并完成信息记录。				
汇报材料准备：制作 PPT 课件，并设计小组成果展示汇报。				

获取信息

认真阅读任务要求,理解任务内容,明确任务目标。为顺利完成任务,回答下列引导问题,做好充分的知识准备、技能准备和工具耗材准备,同时拟订任务实施计划。

引导问题1

了解常见的车间及变电所主接线图,说明工作原理,指出母线的位置和作用。

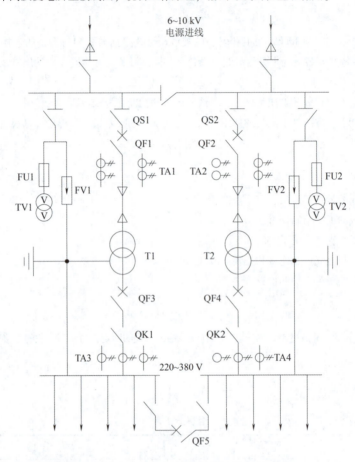

常见的车间及变电所主接线图主要有哪几种?其中母线的作用是什么?

_____

_____

_____

_____

续表

引导问题2

了解母线的材质、形状和使用条件。

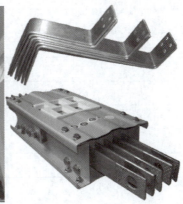

（1）写出母线的符号、材质；按形状分类，母线有哪几种常见类型？

_____

_____

（2）写出以下母线的型号含义。

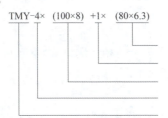

（3）不同材质和型号的母线，其各自的使用条件是什么？

_____

_____

工作计划

工具材料清单

序号	工具或材料名称	型号或规格	数量	备注

续表

工序步骤安排表

序号	工作内容	计划用时	备注

进行决策

（1）各组派代表阐述母线平弯加工与制作的流程及其安装的方案。

（2）各组对其他组的设计方案提出自己不同的看法。

（3）教师结合大家完成的情况进行点评，选出最佳方案。

工作实施

1. 按照本组制定的计划（最佳方案）实施——矩形铝母线的平弯及母线安装

（1）领取工具及材料。

（2）检查工具及材料。

（3）按最佳方案对矩形铝母线进行平弯加工。

（4）根据工艺要求及最佳方案进行三相母线在支持绝缘子上的固定。

（5）根据工艺要求及最佳方案进行三相母线与隔离开关接线端子的安装连接。

2. 矩形铝母线的平弯及母线安装的一般步骤

2.1 母线平弯

（1）用平弯机对母线进行平弯操作。

（2）母线平弯的最小弯曲半径应不小于母线厚度的2倍。

（3）平弯结束后，检查平弯的质量。弯曲处应无裂口、裂纹、脱层及明显折皱等现象。

2.2 母线在支持绝缘子上的固定

（1）母线的支撑要充分考虑其抗弯强度是否满足所配置的系统的力效应要求。

（2）母线的固定多采用金具固定，一般不直接在母线上打孔采用螺栓固定。

（3）母线夹板和固定金具应同样可以承受由于额定峰值耐受电流而引起的作用力。需要注意的是，母线的固定金具或其他支持金具不应成闭合磁路。

（4）当母线平置时，母线支持夹板的上部压板应与母线保持 1~1.5 mm 的间隙，当母线立置时，上部压板应与母线保持 1.5~2 mm 的间隙。

（5）多片矩形母线间，应保持不小于母线厚度的间隙。

（6）600 A 及以上母线穿墙套管端部的金属夹板（紧固件除外）应采用非磁性材料，其与母线之间应有金属相连，接触应稳固，金属夹板厚度不应小于 3 mm，当母线为两片及以上时，母线本身间应予固定。

（7）母线固定金具与支柱绝缘子间的固定应平整牢固，不应使其所支持的母线受到额外应力。

2.3　母线与隔离开关接线端子的安装连接

（1）母线冲孔。母线连接孔的直径为大于螺栓直径 1 mm，保证孔眼位置与隔离开关接线端子位置对应，不歪斜，螺孔间中心距离的误差应为 0.5 mm。

（2）母线在冲孔或钻孔后，如果接触面发生局部变形，影响接触应进行整形校平。

（3）当母线平放时，螺栓由下向上穿；在其余情况下，螺帽应置于维护侧即外侧或右侧。

（4）检查相邻螺栓垫圈间应有 3 mm 以上净距。

（5）母线的连接螺栓应逐个拧紧，但不应过紧或过松，螺母的紧固一般以弹簧垫压平为准，重要螺栓应使用力矩扳手紧固。

（6）母线相互连接或母线与电器端子连接时，不应使电器的接线端子受到任何外加应力。

（7）母线及导电部件，应无显著的棱角，以防尖端放电。

（8）安装母线伸缩节。

（9）对安装完成的母线进行外观检查和塞尺测量，并对隔离开关进行试操作。

（10）按照技术标准对安装完成的母线进行着色。

引导问题 3
完成母线的安装工艺习题。

1. 安装工艺要求

（1）母线的安装应严格按图纸和供需双方的有关协议施工，保证接线正确，力求_____，尽量减少接头、弯曲、交叉重叠等现象，并且要努力节约材料。

（2）当客户规定的主母排与进线排有冲突时，应按照主开关_____参照技术指标选取与主母排相同截面的规格。

（3）截面不同的母线搭接时，应以较_____截面母线的开孔要求为基准。

（4）对于铜母线，其搭接面应_____。

（5）母线安装完成之后，应进行着色以区分其相序。根据相关标准要求，A、B、C 三相应分别以_____色、_____色和_____色标识。

（6）母线槽内不同极性的裸露带电体之间以及它们与外壳之间的_____与爬电距离不应低于规定值，否则要进行冲击耐受电压试验验证。

（7）母线平置时其与支持部件上部夹板间隙不应超过 1~1.5 mm，此项检查应采用_____进行。

（8）母线在绝缘子上的固定死点，每段应设置一个，且在全长或两伸缩节中点位置，应通过_____进行检查。

2. 安全注意事项

（1）母线安装工作宜采用从_____到_____进行，避免立体交叉作业，防止高空坠物伤人和损坏设备。

（2）放置或就位设备时，不应将脚放在设备的_____，防止压伤。

（3）母线安装前，应检查绝缘子、支架等是否安装_____，否则不得进行母线安装工作。

（4）母线和支持绝缘子，不得承受自重以外的其他任何_____。作业人员不得骑跨在目线上或木板搭接在母线上滑动作业。

（5）母线与隔离开关安装完成后，必须对隔离开关进行几次拉合闸试操作，检查_____；并用塞尺测量隔离开关动静触头之间的接触情况。

评价反馈

评价表

评价类型	分值占比	序号	具体指标	分值	得分 自评	得分 组评	得分 师评
职业能力	60	1	母线选择符合要求	5			
		2	工具和材料选择正确无遗漏	5			
		3	母线加工工艺符合标准	20			
		4	母线安装符合标准	20			
		5	母线布局合理、着色正确	10			
职业素养	20	1	进行危险点分析、安全措施有效合理	10			
		2	标准引领，母线施工过程严谨规范	10			
劳动素养	10	1	母线施工认真负责，能够吃苦耐劳	10			
思政素养	10	1	有自主意识培养职业道德，合理养成职业习惯，从工作条件、工作状态、工作效率、工作秩序等方面严格要求自己	10			
总分（优秀：90 分及以上，良好：75~89 分，合格：60~74 分，不合格：59 分以下）				100			

任务 8　导线在绝缘子上的固定工作单

工作任务		架空线路施工——导线在绝缘子上的固定					
姓名		班级		学号		日期	

学习情景

（1）教学情境描述：观看导线在绝缘子上固定的视频。10 kV 及以下架空线路在绝缘子上的固定主要有导线在针式绝缘子上的顶绑法、导线在针式绝缘子上的颈绑法和导线的终端绑扎法三种方式。

（2）关键知识点：绝缘子的结构和分类；导线的固定方法。

（3）关键技能点：导线在针式绝缘子上的顶绑、导线在针式绝缘子上的颈绑和导线的终端绑扎步骤和工艺流程。

学习目标

（1）掌握绝缘子的结构和分类。

（2）熟悉导线在绝缘子上的固定方法。

（3）掌握导线在针式绝缘子上的顶绑法。

（4）掌握导线在针式绝缘子上的颈绑法。

（5）掌握导线的终端绑扎法。

任务要求

10 kV 及以下架空线路在绝缘子上的固定方法。导线在针式绝缘子上的顶绑法、导线在针式绝缘子上的颈绑法和导线的终端绑扎法。

任务分组

在下表填写小组成员信息。

续表

组员分工表

班级		组号		分工	
组长		学号			
组员		学号			
组员		学号			
组员		学号			
分工选项（根据实际情况增加或减少）					
网络信息获取：通过手机或计算机上网收集查询完成任务的资料。 教材或 PPT 课件信息获取：负责通过查阅教材、PPT 课件或微课视频等收集完成任务所需的材料。 信息处理与记录：负责整理、筛选信息，并完成信息记录。 汇报材料准备：制作 PPT 课件，并设计小组成果展示汇报					

获取信息

认真阅读任务要求，理解任务内容，明确任务目标。为顺利完成任务，回答下列引导问题，做好充分的知识准备、技能准备和工具耗材准备，同时拟订任务实施计划。

引导问题1

了解绝缘子的结构与类型。

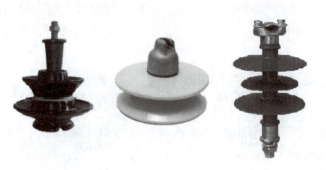

引导问题2

导线在针式绝缘子上的固定方法是什么？

续表

工作计划

工具材料清单

序号	工具或材料名称	型号或规格	数量	备注

工序步骤安排表

序号	工作内容	计划用时	备注

进行决策

(1) 各组派代表阐述导线在绝缘子上固定的方案。
(2) 各组对其他组的设计方案提出自己不同的看法。
(3) 教师结合大家完成的情况进行点评,选出最佳方案。

工作实施

1. 按照本组制定的计划(最佳方案)实施——导线在绝缘子上的固定
(1) 领取工具及材料。
(2) 检查工具及材料。
(3) 检查作业条件。
(4) 按最佳方案进行导线在绝缘子上固定。
(5) 验收工作。
2. 安装的一般步骤
2.1 导线在针式绝缘子上的顶绑法
(1) 把导线嵌入瓷瓶顶部线槽中,并在导线左边近瓷瓶处用短扎线绕上三圈,然后放在左侧,待与长左线相绞。
(2) 接着把长扎线按顺时针方向,从瓷瓶顶槽外侧绕到导线右边下侧,并在左侧导线上缠绕三圈。

(3) 然后再按顺时针方向围绕瓷瓶颈槽内侧（即前面）到导线左边下侧，并在左侧导线缠绕三圈（在原三圈扎线的左侧）。

(4) 然后再围绕瓶颈颈槽外侧顺时针到导线右边下侧，继续缠绕导线三圈（也排列在原三圈右侧）。

(5) 把扎线围绕瓷瓶颈槽内侧顺时针到导线左边下侧，并斜压在顶槽中导线，继续扎到导线右边下侧。

(6) 接着从导线右边下侧，按逆时针方向围绕瓷瓶颈槽到左边导线下侧。

(7) 然后把扎线从导线左边下侧斜压在顶槽中导线，使顶槽中导线被扎线压成"X"状。

(8) 最后将扎线从导线右边下侧，按顺时针方向围绕瓷瓶颈槽到扎线的另一端，相交于瓷瓶中间。并在缠绕六圈后，剪去多余绑线，钳平线端即可。

2.2 导线在针式绝缘子上的颈绑法

(1) 把绑线盘成一个圆盘，在绑线的一段留出一个短头，长度为250 mm左右，用绑线的短头在绝缘子左侧的导线上绑三周（导线在瓷瓶的背面，即外侧），方向呈向导线外侧（经导线上方绕向导线内侧，然后放在左侧，待与长绑线相绞）。

(2) 用盘起来的绑线向绝缘子脖颈内侧（即瓷瓶的前面）绕过，绕到绝缘子左侧导线上并绑三圈（呈逆时针），方向是向导线下方绕到导线外侧，再到导线上方。

(3) 用绑线从绝缘子脖颈内侧绕回到绝缘子左侧导线上，并绑三圈（顺时针），方向是至导线下方经过外侧绕到导线上方（此时左侧导线上已有六圈），然后再经过绝缘子脖颈内侧回到绝缘子右侧导线上（逆时针），再绑三圈，方向是从导线的下方经外侧绕到导线上方（此时右侧导线上已绑有六圈）。

(4) 用绑线向绝缘子脖颈内侧绕过，绕到绝缘子左侧导线下方（顺时针）。并向绝缘子左侧导线外侧，经导线下方绕到右侧导线的上方（顺时针）。

(5) 在绝缘子右侧上方的绑线，经脖颈内侧绕回到绝缘子左侧，经导线上方由外侧绕到绝缘子右侧下方，回到导线内侧（顺时针），这时绑线已在绝缘子外侧导线上压了一个"X"字。

(6) 将压完"X"字的绑线端头绕到绝缘子脖颈内侧中间（顺时针）与左侧的绑线短头并绞2~3圈绞合成一小辫，剪去多余绑线，钳平线端即可。

2.3 导线的终端绑扎法

(1) 把绑线盘成圆盘，在绑线一端留出一个短头，长度比绑扎长度多50 mm。

(2) 把绑线短头加在导线与折回导线中间凹进去的地方，然后用绑线在导线上绑扎。

(3) 绑扎五圈后，短头压在缠绕层上，继续绑五圈，短头折起；再续绑五圈，之后重复上述步骤。绑扎到规定长度后，与短头互拧2~3圈绞合成一小辫，压平在绑线上。

(4) 把导线端折回，压在绑线上，如下图所示。

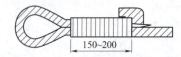

引导问题3

完成导线在绝缘子上固定工艺的习题。

1. 安装工艺要求。

(1) 导线在针式绝缘子上固定采用绑扎法，用与导线材质相_____的导线或特制绑线将导线绑扎在绝缘子槽内。绑扎高压导线要绑成双十字，导线在针式绝缘子上的绑扎法分为_____和_____两种。

续表

(2) 终端绑扎法适用于终端杆_____式绝缘子上的导线绑扎。

(3) 用耐张线夹固定导线。在导线需要安装线夹部分，用同样规格的线股缠绕。其方向应与导线外层线股缠绕方向保持_____，两端各留 10 mm。安装线夹时，先将全部 U 形螺栓和压板稍稍拧紧。

2. 安装工艺要求

裸导线在针式绝缘子上固定必须采取防护处理，具体的处理措施是什么？以及为何要采取这种防护措施？

_____

_____

3. 安全注意事项

(1) 高空作业必须穿软底鞋，系好_____，并应高挂低用。

(2) 杆塔上有人作业时，地面人员_____调整拉线或拆除拉线。

(3) 杆上作业人员要防止工具和材料掉落伤人，使用的工具和材料应装在专用的_____里。

评价反馈

评价表

评价类型	分值占比	序号	具体指标	分值	得分 自评	得分 组评	得分 师评
职业能力	60	1	能够对不同位置的导线选择对应的固定方法	5			
		2	工具和材料选择正确无遗漏	5			
		3	导线在针式绝缘子上的顶绑符合标准	20			
		4	导线在针式绝缘子上的颈绑符合标准	20			
		5	导线的终端绑扎工艺符合要求	10			
职业素养	20	1	进行危险点分析、安全措施有效合理	10			
		2	标准引领，导线在绝缘子上的绑扎、验收过程严谨规范	10			
劳动素养	10	1	导线在绝缘子上的绑扎认真负责，能够吃苦耐劳	10			
思政素养	10	1	有自主意识培养职业道德，合理养成职业习惯，从工作条件、工作状态、工作效率、工作秩序等方面严格要求自己	10			
总分（优秀：90 分及以上，良好：75～89 分，合格：60～74 分，不合格：59 分以下）				100			

任务 9　电缆头的制作与安装工作单

工作任务		电缆线路施工——电缆头的制作与安装					
姓名		班级		学号		日期	

学习情景

（1）教学情境描述：观看制作电缆中间头和制作与安装电缆终端头的视频。为使电缆敷设好后成为一个连续的线路，电缆与电缆相连的部分称之为中间头，电缆与设备如变压器和高压开关等相连的部分称之为终端头。电缆中间头和电缆终端头统称为电缆头，电缆头不仅起电气连接作用，还把电缆连接处密封起来，以保持原有的绝缘水平，使其能安全可靠地运行。

（2）关键知识点：电缆头的分类；电缆中间头的作用；电缆终端头的作用。

（3）关键技能点：电缆头制作与安装的方法、步骤、工艺要求及工艺流程。

学习目标

（1）了解电缆头制作的条件。

（2）了解电缆头的结构和分类。

（3）掌握电缆中间头的制作要求和方法。

（4）掌握电缆终端头的制作要求和方法。

（5）了解电缆及电缆头的防火与阻燃措施。

任务要求

完成 10 kV 交联聚氯乙烯电缆中间头和终端头的制作与安装。

任务分组

在下表填写小组成员信息。

组员分工表

班级		组号		分工	
组长		学号			
组员		学号			
组员		学号			
组员		学号			
分工选项（根据实际情况增加或减少）					
网络信息获取：通过手机或计算机上网收集查询完成任务的资料。					
教材或 PPT 课件信息获取：负责通过查阅教材、PPT 课件或微课视频等收集完成任务所需的材料。					
信息处理与记录：负责整理、筛选信息，并完成信息记录。					
汇报材料准备：制作 PPT 课件，并设计小组成果展示汇报					

续表

获取信息

认真阅读任务要求,理解任务内容,明确任务目标。为顺利完成任务,回答下列引导问题,做好充分的知识准备、技能准备和工具耗材准备,同时拟订任务实施计划。

引导问题1
了解电缆头的结构、类型和作用。

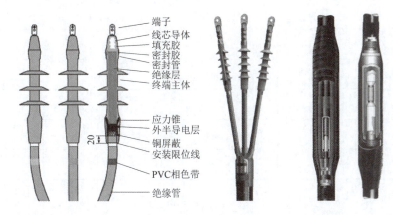

电缆头的定义和作用是什么?
_____
_____
_____

引导问题2
了解电缆头故障。运行经验表明,电缆头是电缆线路中的薄弱环节,电缆线路的多数故障都发生在电缆接头处。

(1)写出几种电缆头发生故障的原因。
_____
_____

(2)电缆头制作的前期准备有哪些?
_____
_____
_____

续表

工作计划

工具材料清单

序号	工具或材料名称	型号或规格	数量	备注

工序步骤安排表

序号	工作内容	计划用时	备注

进行决策

（1）各组派代表阐述制作电缆中间头或电缆终端头的方案。
（2）各组对其他组的设计方案提出自己不同的看法。
（3）教师结合大家完成的情况进行点评，选出最佳方案。

续表

工作实施

1. 按照本组制订的计划（最佳方案）实施——制作电缆中间头或终端头

（1）领取工具及材料。

（2）检查工具及材料。

（3）检查制作电缆头的准备工作。

（4）按最佳方案制作电缆中间头或电缆终端头。

（5）交接试验及验收工作。

2. 电缆头制作的一般步骤

2.1 制作电缆中间头

（1）摇测电缆绝缘，合格后切割电缆，处理芯线并制作铅笔头，用清洗剂清洁线芯，在此过程中应用相应的色带进行相序标识。

（2）包缠应力疏散胶并套入应力控制管，烘烤应力管。

（3）在电缆长端尾部套入屏蔽铜网，然后依次套入绝缘材料，短端套入内半导电管。

（4）压接线芯，打磨压接头，在接头上包绕黑色半导体带，在铅笔头上用应力胶填充。

（5）依次烘烤内半导电管、内绝缘、外绝缘管、外半导电层。

（6）各相分别套入铜屏蔽网，并进行绑扎整形。

（7）将中间接头本体移至线芯压接长度的中间位置，抽出内部支撑条。

（8）在中间头本体两端包绕防水带，移动铜网套覆盖接头本体，向两端拉伸抽紧使其余部分电缆铜屏蔽带重叠，在两端电缆内护套之间包绕防水带。

（9）在电缆两端钢铠上焊接地线，要将接地线用弹簧钢带固定在钢铠和金属屏蔽层上，或者焊接牢靠。

（10）依次包绕防水带和铠装带，包绕时至少 50% 重叠。

（11）恢复外防护层。

2.2 制作电缆终端头

（1）摇测电缆绝缘，合格后切割电缆，剥除电缆外防护层、铠装层、填充、铅包等，在钢铠上焊接地线。

（2）在电缆焊接处和外防护层间缠绕密封防水胶。

（3）安装冷缩分支手套、冷缩绝缘管。

（4）剥除铜屏蔽层和半导电层。

（5）打磨半导电层和绝缘层。

（6）缠绕半导电带。

（7）剥除线芯绝缘，线芯端口缠绕 PVC 带，用酒精擦除污渍，涂抹润滑脂。

（8）根据现场所需连接的设备和线芯截面选择并安装接线端子。铝芯电缆与接线端子的连接采用压接，铜芯电缆与接线端子的连接采用焊接或压接。

（9）安装密封管，用填充胶带填平接线端子凹槽。

（10）用色标带标识相序。

（11）将电缆终端头与设备接线端子相连。

续表

引导问题3
完成电缆头制作与安装工艺的习题。
1. 安装工艺要求
（1）在室外制作6 kV及以上电缆终端与接头时，其空气相对湿度宜为_____及以下；当湿度大时，可提高环境温度或加热电缆。
（2）制作电缆头之前，必须核验附件规格应与电缆一致；零部件应齐全无损伤；绝缘材料不得受潮；密封材料不得_____。
（3）如果充油电缆线路有接头，应先制作接头；两端有位差时，应先制作位置较_____一侧的终端头。
（4）35 kV及以下电缆在剥切线芯绝缘、屏蔽、金属护套时，线芯沿绝缘表面至最近接地点（屏蔽或金属护套端部）的_____应符合要求。
（5）三芯油纸绝缘电缆应保留统包绝缘25 mm，不得损伤。剥除屏蔽碳墨纸，端部应平整。弯曲线芯时应均匀用力，不应损伤绝缘纸；线芯弯曲半径不应小于其直径的_____倍。
（6）电缆线芯连接时，应除去线芯和连接管内壁油污及氧化层。压接模具与金具应配合恰当。压缩比应符合要求。压接后应将端子或连接管上的凸痕修理光滑，不得残留毛刺，以防产生_____现象。

2. 安装工艺要求
制作电缆中间头的过程中，如何分散电场应力？
_____
_____
_____

3. 安全注意事项
（1）在重要的电缆沟和隧道中，按要求分段或用软质耐火材料设置_____。
（2）在电力电缆接头两侧及相邻电缆_____m长的区段施加防火涂料或防火包带。
（3）电缆规格应符合规定；排列整齐，无_____；标志牌应装设齐全、正确、清晰。
（4）电缆终端的_____应正确，电缆支架等的金属部件防腐层应完好。

评价反馈

评价表

评价类型	分值占比	序号	具体指标	分值	得分 自评	得分 组评	得分 师评
职业能力	60	1	电缆头的功能、分类和安装工艺认知清楚	5			
		2	工具和材料选择正确无遗漏	5			
		3	电缆中间头工艺符合标准，各部长度满足要求、应力均匀、接地牢靠、压接平整无毛刺	20			
		4	电缆终端头工艺符合标准，各部长度满足要求、应力均匀、接地牢靠、压接平整无毛刺	20			
		5	电缆头的验收符合要求，主绝缘和外护套及内衬层绝缘满足要求、电缆耐压试验合格、相序一致	10			
职业素养	20	1	进行危险点分析、安全措施有效合理	10			
		2	标准引领，电缆头制作、验收过程严谨规范	10			
劳动素养	10	1	电缆头制作、验收工作认真负责，能够吃苦耐劳	10			
思政素养	10	1	有自主意识培养职业道德，合理养成职业习惯，从工作条件、工作状态、工作效率、工作秩序等方面严格要求自己	10			
总分（优秀：90 分及以上，良好：75~89 分，合格：60~74 分，不合格：59 分以下）				100			

任务 10　常用继电器的工作原理和性能检验工作单

工作任务		常用继电器的工作原理和性能检				
姓名		班级		学号		日期

学习情景

某 10 kV 输电线路过电流保护采用了电磁型电流继电器、时间继电器、信号继电器、中间继电器，请您结合过电流保护原理图，帮助技术员一起完成继电器的检验工作。以便满足电力系统继电保护的基本要求，实现电力系统安全可靠运行。

学习目标

（1）树立团队合作意识；增强标准意识、规范意识和安全意识。
（2）能正确说出电磁型电流、电压（过电压、低电压）、时间继电器和中间继电器的工作原理。
（3）能对常用的电磁型电流继电器、电压继电器、时间继电器、信号继电器、中间继电器进行性能检验。

任务要求

完成以下任务：
完成常用电磁型电流继电器、电压继电器、时间继电器、信号继电器、中间继电器性能检验工作。

任务分组

在下表填写小组成员信息。

组员分工表

班级		组号		分工
组长		学号		
组员		学号		
组员		学号		
组员		学号		
分工选项（根据实际情况增加或减少）				
网络信息获取：通过手机或计算机上网收集查询完成任务的资料。				
教材或 PPT 课件信息获取：负责通过查阅教材、PPT 课件或微课视频等收集完成任务所需的材料。				
信息处理与记录：负责整理、筛选信息，并完成信息记录。				
汇报材料准备：制作 PPT 课件，并设计小组成果展示汇报				

获取信息

认真阅读任务要求，理解任务内容，明确任务目标。为顺利完成任务，回答下列引导问题，做好充分的知识准备、技能准备和工具耗材准备，同时拟订任务实施计划。

引导问题1

（1）写出 DL-11 型、DY-110 型、DS-20 型、DZ-10 型继电器的型号含义。

       DL-11   DY-110-□□   DS-20   DZ-10

（2）如何正确使用和维护 DL-11 型、DY-110 型、DS-20 型和 DZ-10 型继电器？

_____

_____

_____

_____

_____

_____

_____

（3）写出 DL-11 型、DY-110 型、DS-20 型、DZ-10 型继电器的符号，说明其工作原理。

_____

_____

_____

_____

_____

_____

_____

工作计划

工具材料清单

序号	工具或材料名称	型号或规格	数量	备注

续表

工序步骤安排表

序号	工作内容	计划用时	备注

进行决策

(1) 各小组派代表阐述设计方案。

(2) 各组对其他组的设计方案提出不同的看法。

(3) 教师对大家完成的方案进行点评，选出最佳方案。

工作实施

查阅收集有关的资料，完成以下任务。

(1) 画出 DL-11 型电流继电器背后端子接线图和电流继电器实验接线图？

(2) 画出 DY-110 型电流继电器背后端子接线图和电压继电器实验接线图。

(3) 画出 DS-20 型电流继电器背后端子接线图和信号继电器实验接线图。

续表

(4) 画出 DZ-10 型电流继电器背后端子接线图和中继继电器实验接线图。

(5) 按照本组制订的计划（最佳方案）实施——接线。
①领取元器件及材料。
②检查元器件。
③按检验方案进行检验。
④根据工艺要求及检验方案进行接线。
⑤上电试验。

电流继电器试验数据请填写到下表。

电流继电器试验数据

继电器刻度位置/A	继电器两线圈串联	1.5	2.1	2.4	2.7	3	继电器两线圈并联	1.5	1.8	2.1
动作电流										
返回电流										
返回系数										
刻度误差（≤±5%）										

低电压继电器试验数据填写到下表。

低电压继电器试验数据

继电器刻度位置/V	继电器两线圈并联	40	50	60	70	继电器两线圈串联	40	50
动作电压								
返回电压								
返回系数								
刻度误差（≤±5%）								

时间继电器动作时间试验数据填写到下表。

时间继电器动作时间试验数据

整定值	继电器的动作时间/s			
	一次	二次	三次	平均值
$t=1$ s				

完成下列安全注意实现的填空题。

（1）要遵守安全操作规定，不得随意_____带电部位，要尽可能在_____的情况下进行检测。

（2）用电阻测量法检测故障时，一定要先切断电源用测量法检查故障时，一定要保证_____完好。

（3）连接好电源，提醒_____注意。

（4）通电测试时，如果出现故障，则_____电源，重新_____，排除故障。

（5）测量完毕，断开电源。先拆除_____，再拆除_____。

（6）在任何情况下，接线端子必须与导线_____和_____性质相适应；一般一个接线端子只能接导线。在工艺上，如_____、_____、_____、_____等，应严格按照连接工艺的工序要求进行。

引导问题2

各小组的同学们，在工作实施过程中，你们是如何分工合作的、请具体描述？

_____
_____
_____
_____
_____

引导问题3

各小组的同学们，在工作实施过程中，你们是如何规范操作的、请具体描述？

_____
_____
_____
_____
_____

引导问题4

学习案例"继电保护'芯'技术"，分享感言。

_____
_____
_____
_____
_____

续表

评价反馈

评价表

评价类型	分值占比	序号	具体指标	分值	得分 自评	得分 组评	得分 师评
职业能力	60	1	继电器检验方案设计合理	15			
		2	接线图绘制正确	15			
		3	安全措施有效合理	10			
		4	接线合理美观，达到工艺要求	10			
		5	正确使用继电保护测试仪及设备	10			
职业素养	20	1	遵守课堂纪律，不做与课程无关的事情	4			
		2	积极配合小组成员，解决疑点和难点	4			
		3	按照标准规范操作	4			
		4	具有安全、规划和环保意识	4			
		5	持续改进优化	4			
劳动素养	10	1	按时完成，认真填写记录	3			
		2	工作完成后保持工位卫生、整洁、有序	3			
		3	自觉维护教学仪器、设备的完好性	2			
		4	小组分工合理	2			
思政素养	10	1	完成拓展阅读学习	10			
总分（优秀：90分及以上，良好：75~89分，合格：60~74分，不合格：59分以下）				100			

任务 11　变压器保护工作单

工作任务		变压器保护装置的运行维护					
姓名		班级		学号		日期	

学习情景

某 110/10 kV 变电所 10 kV 侧保护柜，10 kV 站用变压器装设了瓦斯保护和纵联差动保护，请您帮助技术员一起完成 10 kV 站用变压器保护装置的运行维护工作。

学习目标

（1）养成自主探究的学习习惯；树立团队合作意识；树立标准意识、规范和安全意识；树立正确的学习态度。

（2）会描述电力变压器的故障、异常运行及保护配置原则；会描述电力变压器的瓦斯保护、差动保护、过电流保护的作用、接线、构成。

（3）能对变压器的相关保护进行动作分析、性能检验及运行维护。

任务要求

完成以下任务：

完成变压器保护装置的运行维护工作。

任务分组

在下表填写小组成员信息。

组员分工表

班级		组号		分工
组长		学号		
组员		学号		
组员		学号		
组员		学号		
分工选项（根据实际情况增加或减少）				

网络信息获取：通过手机或计算机上网收集查询完成任务的资料。

教材或 PPT 课件信息获取：负责通过查阅教材、PPT 课件或微课视频等收集完成任务所需的材料。

信息处理与记录：负责整理、筛选信息，并完成信息记录。

汇报材料准备：制作 PPT 课件，并设计小组成果展示汇报

任务 11　变压器保护工作单

续表

获取信息

认真阅读任务要求，理解任务内容，明确任务目标。为顺利完成任务，回答下列引导问题，做好充分的知识准备、技能准备和工具耗材准备，同时拟订任务实施计划。

引导问题 1
变压器的故障有哪些？
_____
_____

引导问题 2
变压器的不正常运行状态有哪些？
_____
_____

引导问题 3
变压器保护的配置原则是什么？
_____
_____

引导问题 4
什么是瓦斯保护？
_____
_____

引导问题 5
瓦斯继电器分为那几类？
_____
_____
_____

引导问题 6
请画出瓦斯保护的原理接线？并说明其工作原理？
_____
_____
_____

引导问题 7
变压器差动保护的类型有哪几种？
_____
_____

引导问题 8
变压器纵联差动保护不平衡电流产生的原因有哪些？
_____
_____
_____

续表

工作计划

工具材料清单

序号	工具或材料名称	型号或规格	数量	备注

工序步骤安排表

序号	工作内容	计划用时	备注

进行决策

（1）各小组派代表阐述设计方案。

（2）各组对其他组的设计方案提出不同的看法。

（3）教师对大家完成的方案进行点评,选出最佳方案。

工作实施

查阅收集有关的资料，完成以下任务。

1. 画出变压器保护性能检验作业流程图

2. 变压器调度运行规定

（1）运行中的变压器瓦斯保护与差动保护不得同时_____。

（2）CT 断线时应立即_____变压器差动保护。

（3）复合电压或低电压闭锁的过流保护失去电压时，可不_____，但应及时处理。

（4）变压器阻抗保护不得失去电压，若有可能失去电压时，应停用_____。

（5）中性点放电间隙保护应在变压器中性点接地刀闸断开后_____，接地刀闸合上前_____。

（6）由旁路开关代变压器开关或旁路开关恢复备用：操作前停用_____，并切换有关保护的 CT 回路及出口回路，操作结束后_____差动保护。

3. 主变微机保护异常处理总体要求

（1）主变装置异常，应立即现场检查_____，判明具体信号后按照调度命令_____。

（2）当保护装置异常时，应现场检查_____，应停用相应的_____，汇报管辖调度及相关部门。

（3）当 CT 断线信号发出后（伴随差流越限信号发出），应立即汇报_____。根据后台报文及保护屏信号，根据调度命令停用主变相应的_____（差动），并对保护用 CT 回路进行检查有无异常，汇报管辖调度及相关部门。

（4）监控后台发"××保护动作"应立即到主变及 35 kV 保护室保护屏根据动作信息判断哪种保护动作，并对相应各保护范围进行_____，将结果汇报管辖调度，听候_____。

（5）主变保护屏发"差流越限"信号应现场检查差动保护不平衡_____，复归信号。复归不成汇报管辖调度，"差流越限"期间注意_____差动保护不平衡电流值。

（6）主变压器保护发"PT 断线"信号处理原则：

①500 kV、220 kV 无论哪侧发出"PT 断线"信号，都应先停用本侧_____，然后检查是否_____，若不是应进行_____，成功后投入"阻抗保护"，汇报省管辖调度及相关部门。

②500 kV、220 kV、35 kV 无论哪侧发出"PT 断线"信号，都应先停用本侧 A、B 屏复压元件压板，待_____恢复正常后，_____该压板，并同时汇报管辖调度及相关部门。

续表

评价反馈

评价表

评价类型	分值占比	序号	具体指标	分值	得分 自评	得分 组评	得分 师评
职业能力	60	1	能正确描述变压器保护的8个引导问题	20			
		2	能正确画出变压器保护性能检验作业流程图	10			
		3	安全措施有效合理	10			
		4	按规程规范能正确处理主变微机保护异常情况	10			
		5	正确使用仪器仪表及设备	10			
职业素养	20	1	遵守课堂纪律,不做与课程无关的事情	4			
		2	积极配合小组成员,解决疑点和难点	4			
		3	按照标准规范操作	4			
		4	具有安全、规划和环保意识	4			
		5	持续改进优化	4			
劳动素养	10	1	按时完成,认真填写记录	3			
		2	工作完成后保持工位卫生、整洁、有序	3			
		3	自觉维护教学仪器、设备的完好性	2			
		4	小组分工合理	2			
思政素养	10	1	完成拓展阅读学习	10			
总分(优秀:90分及以上,良好:75~89分,合格:60~74分,不合格:59分以下)				100			

任务 12 安全用电工作单

工作任务		安全用电					
姓名		班级		学号		日期	

学习情景

从生活中用电安全案例作为课程导入,围绕安全用电一般措施、电气作业的技术和组织措施开展课堂授课,以开具完整电气作业一种工作票作为实施案例。

学习目标

(1)熟知安全电流和安全电压的大小;
(2)熟悉安全用电的一般措施;
(3)掌握电气作业的技术和组织措施、实施步骤和具体要求;
(4)掌握电气作业一种工作票开具步骤、方法与要求。

任务要求

通过学习电击防护知识,选择恰当的漏电保护器。

任务分组

组员分工表

班级		组号		分工	
组长		学号			
组员		学号			
组员		学号			
组员		学号			
分工选项(根据实际情况增加或减少)					
网络信息获取:通过手机或计算机上网收集查询完成任务的资料。					
教材或 PPT 课件信息获取:负责通过查阅教材、PPT 课件或微课视频等收集完成任务所需的材料。					
信息处理与记录:负责整理、筛选信息,并完成信息记录。					
汇报材料准备:制作 PPT 课件,并设计小组成果展示汇报					

续表

获取信息

引导问题 1

安全用电的安全电压为多大？

_____
_____

引导问题 2

安全用电的一般措施有哪些？

_____
_____
_____
_____

引导问题 3

保证安全的组织措施有哪些？

_____
_____
_____
_____

引导问题 4

保证安全的技术措施有哪些？

_____
_____
_____
_____

提示 1：工作票的种类

变电站（发电厂）第一种工作票；

电力线路第一种工作票；

电力电缆第一种工作票。

提示 2：装设接地线要求

（1）装设接地线应由两人进行。当单人值班时，只允许使用接地刀闸接地，而且必须使用绝缘杆操作。

（2）装设前，根据设备接地处所在位置选择合适的接地线，提前检查，保证接地线合格。

（3）接地线的装设顺序是先接接地端，后接导体端，拆除时相反，以免在装拆接地线过程中突然来电发生触电事故。

续表

工作计划

工具材料清单

序号	工具或材料名称	型号或规格	数量	备注

工序步骤安排表

序号	工作内容	计划用时	备注

进行决策

(1) 各小组派代表阐述设计方案。
(2) 各组对其他组的设计方案提出不同的看法。
(3) 教师对大家完成的方案进行点评,选出最佳方案。

工作实施

作为工作负责人正确填写工作票

工作内容:张××作为变电管理所保护二班的总工作负责人,同时兼任保护班小组负责人,带领变电管理所保护二班的江××、施××,检修二班的王×× (小组负责人)、张×、李××,试验一班肖×× (小组负责人)、李×、试验二班杨×× (小组负责人)、杨×,到220 kV 新桥变开展以下工作:(1) 220 kV#1 主变分接开关大修;(2) 220 kV#1 主变绕组变形试验;(3) 220 kV#1 主变 220 kV 侧 201 断路器机构大修;(4) 220 kV#1 主变冷控系统大修;(5) 220 kV#1 主变第Ⅱ套主变保护升级,计划工作时间:2016 年 04 月 10 日 09 时 00 分至 2015 年 04 月 13 日 19 时 00 分,请填写工作票。(注:断路器为弹操机构,所有隔离开关为电动操作机构)

续表

<table>
<tr><td colspan="3" align="center">220 kV 新桥变厂站第一种工作票
编号：</td></tr>
<tr><td colspan="2">工作负责人（监护人）：__张××__
　　单位和班组：__变电管理所保护二班（检修二班、试验一班、试验二班）__
　　工作负责人及工作班人员总人数共__10__人</td><td>计划工作时间</td><td>自 2016 年 04 月 10 日 09 时 00 分至 2016 年 04 月 13 日 19 时 00 分</td></tr>
<tr><td colspan="4">工作班人员（不包括工作负责人）：张××（3 人）、王××（3 人）、肖××（2 人）、杨××人（2 人）</td></tr>
<tr><td colspan="4">工作任务：(1) 220 kV#1 主变分接开关大修；(2) 220 kV#1 主变绕组变形试验；(3) 220 kV#1 主变 220 kV 侧 201 断路器机构大修；(4) 220 kV#1 主变冷控系统大修；(5) 220 kV#1 主变第Ⅱ套主变保护升级</td></tr>
<tr><td colspan="4">工作地点：
　（1）主控室：220 kV#1 主变第Ⅱ套保护屏、220 kV#1 主变压器测控屏、远动屏；
　（2）220 kV 开关场：220 kV#1 主变 220 kV 侧 201 断路器机构处；
　（3）220 kV#1 主变场。</td></tr>
<tr><td rowspan="6">工作要求的安全措施</td><td colspan="3">应拉开的断路器（开关）和隔离开关（刀闸）（双重名称或编号）</td></tr>
<tr><td>断路器（开关）：201、101、301</td><td colspan="2">隔离开关（刀闸）：2011、2012、2016、1011、1012、1016、1015、3011、3016、2010、1010</td></tr>
<tr><td colspan="3">应投切的相关直流电源（空气开关、熔断器、连接片）、低压及二次回路：
　（1）断开 201、101、301 断路器控制电源及储能电机电源，并将 201、101、301 断路器"远方/就地"切换开关切换至"就地"位置；
　（2）断开 2011、2012、2010、1010、1015、1016、3016 隔离开关操作电源；隔离开关"远方/就地"切换开关切换至"就地"位置；
　（3）切除 220 kV#1 主变跳三侧断路器连接片（含非电量保护）；切除 220 kV#1 主变联跳母联 212、112、312 断路器连接片；切除 220 kV#1 主变失灵保护连接片；
　（4）切除#1 主变 201 断路器失灵启动及失灵跳 201 断路器、失灵联跳主变三侧出口压板；
　（5）断开#1 主变有载调压机构电机电源及风冷控制箱电机电源</td></tr>
<tr><td colspan="3">应合上的接地刀闸（双重名称或编号）、装设的接地线（装设地点）、应设绝缘挡板：
　（1）20117；
　（2）在#1 主变 220 kV 侧、110 kV 侧、35 kV 侧套管引流线上各装设一组三相短路接地线。</td></tr>
</table>

续表

工作要求的 安全措施	应设遮栏、应挂标示牌（位置）： （1）在 220 kV#1 主变第Ⅱ套保护屏、220 kV#1 主变压器测控、远动屏前后悬挂"在此工作"标示牌，同屏运行设备贴封条，相邻运行屏前后悬挂红布帘；在 201 断路器机构箱、#1 主变本体处放置"在此工作"标示牌，并装设围栏，在围栏上悬挂"止步，高压危险！"标示牌； （2）在 2011、2012、1015、1016、3016 隔离开关操作机构箱门上悬挂"禁止合闸，有人工作"标示牌； （3）在#1 主变有载调压机构电机电源空气开关及风冷控制箱交流电源空气开关上悬挂"禁止合闸，有人工作"标示牌；
	是否需线路对侧接地：☐是 ☑否
	是否需办理二次设备及回路工作安全技术措施单：☑是，共_____张；☑否
	其他安全措施和注意事项：无
签发	工作票签发人签名：沈×　　　　时间：2016 年 04 月 09 日 14 时 10 分 工作票会签人签名：　　　　　　时间：　 年　月　日　时　分
接收	值班负责人签名：　　　　　　　时间：　 年　月　日　时　分

评价反馈

评价表

评价类型	分值占比	序号	具体指标	分值	得分		
					自评	组评	师评
职业能力	60	1	能正确描述漏电保护器的4个引导问题	10			
		2	熟知我国对安全用电的安全电压大小的规定	10			
		3	熟知保证安全的组织措施	10			
		4	具备实施保证安全的技术措施能力	15			
		5	能够纠正安全措施执行中的错、漏	15			
职业素养	20	1	遵守课堂纪律，不做与课程无关的事情	4			
		2	积极配合小组成员，解决疑点和难点	4			
		3	按照标准规范操作	4			
		4	具有安全、规划和环保意识	4			
		5	持续改进优化	4			
劳动素养	10	1	按时完成，认真填写记录	3			
		2	工作完成后保持工位卫生、整洁、有序	3			
		3	自觉维护教学仪器、设备的完好性	2			
		4	小组分工合理	2			
思政素养	10	1	完成思政素材学习	10			
总分				100			

任务 13 触电急救工作单

工作任务			触电急救				
姓名		班级		学号		日期	

学习情景

从生活中触电案例作为课程导入,围绕触电伤害的特点、紧急救护通则和触电急救的步骤与方法开展课堂授课,以心肺复苏法救治人体模型作为实施案例。

学习目标

(1) 熟知触电伤害的特点;
(2) 熟悉紧急救护通则;
(3) 掌握触电急救的步骤与方法。

任务要求

利用人体模型,开展心肺复苏法的人体触电紧急救治。

任务分组

组员分工表

班级		组号		分工	
组长		学号			
组员		学号			
组员		学号			
组员		学号			
分工选项(根据实际情况增加或减少)					
网络信息获取:通过手机或计算机上网收集查询完成任务的资料。					
教材或 PPT 课件信息获取:负责通过查阅教材、PPT 课件或微课视频等收集完成任务所需的材料。					
信息处理与记录:负责整理、筛选信息,并完成信息记录。					
汇报材料准备:制作 PPT 课件,并设计小组成果展示汇报					

获取信息

引导问题 1
触电伤害的特点有哪些?

_____
_____
_____

续表

提示：假死可分为三类：

（1）心跳停止、但尚能呼吸；

（2）呼吸停止、心跳尚存但脉搏很微弱；

（3）心跳和呼吸均停止。

引导问题 2

紧急救护通则有哪些？

_____

_____

_____

引导问题 3

触电急救的步骤与方法有哪些？

_____

_____

_____

提示：

（1）当触电者触及断落在地上的高压导线，在未确认线路无电时，未采取安全措施的救护人不能接近断线 8~10 m 内。

（2）脱离低压电源：

①迅速拉开附近开关或拔掉插头；

②用带绝缘柄的利器切断电源线；

③挑开电源线；

④拉开触电者；

⑤先在触电者与地之间垫绝缘木板等，然后再设法切断电源。

引导问题 4

心肺复苏法步骤和方法？

_____

_____

_____

提示：

（1）进行按压：按压深度一般为 3.8~5 cm；速度以每分钟 80~100 次为宜，放松时间与按压时间相等。

（2）采用人工呼吸和胸外心脏按压交叉救护：操作时，每按压 30 次，吹气 2 次（30:2），反复进行。

（3）抢救过程中的再判定。

①按压吹气 1 min 后（相当于单人抢救时做了 4 个 15:2 压吹循环），应用看、听、试的方法在 5~7 s 内完成对触电者呼吸和心跳是否恢复的再判定。

②若判定颈动脉已有搏动但无呼吸，则暂停胸外按压，而再进行 2 次人工呼吸，接着每 5 s 吹气一次。若脉搏、呼吸均未恢复，则继续坚持抢救。

③在抢救过程中，要每隔数分钟再判定一次，每次判定时间均不得超过5~7 s，在医务人员未接替抢救前，现场抢救人员不得放弃抢救。

（4）现场心肺复苏流程图。

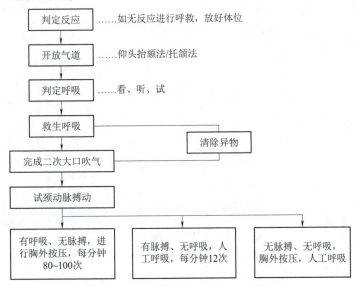

工作计划

工具材料清单

序号	工具或材料名称	型号或规格	数量	备注

工序步骤安排表

序号	工作内容	计划用时	备注

续表

进行决策

(1) 各小组派代表阐述设计方案。

(2) 各组对其他组的设计方案提出不同的看法。

(3) 教师对大家完成的方案进行点评,选出最佳方案。

评价反馈

评价表

评价类型	分值占比	序号	具体指标	分值	得分		
					自评	组评	师评
职业能力	60	1	熟知触电对人体伤害的基本特点	10			
		2	熟悉触电急救的步骤与方法	10			
		3	掌握触电伤害的心肺复苏法步骤和方法,会进行急救过程中的再判定	20			
		4	能在规定时间内完成触电急救模拟人的心肺复苏救治	20			
职业素养	20	1	遵守课堂纪律,不做与课程无关的事情	4			
		2	积极配合小组成员,解决疑点和难点	4			
		3	按照标准规范操作	4			
		4	具有安全、规划和环保意识	4			
		5	持续改进优化	4			
劳动素养	10	1	按时完成,认真填写记录	3			
		2	工作完成后保持工位卫生、整洁、有序	3			
		3	自觉维护教学仪器、设备的完好性	2			
		4	小组分工合理	2			
思政素养	10	1	完成思政素材学习	10			
总分				100			